BEI GRIN MACHT SICH IHR WISSEN BEZAHLT

- Wir veröffentlichen Ihre Hausarbeit, Bachelor- und Masterarbeit

- Ihr eigenes eBook und Buch - weltweit in allen wichtigen Shops

- Verdienen Sie an jedem Verkauf

Jetzt bei www.GRIN.com hochladen und kostenlos publizieren

Bibliografische Information der Deutschen Nationalbibliothek:

Die Deutsche Bibliothek verzeichnet diese Publikation in der Deutschen Nationalbibliografie; detaillierte bibliografische Daten sind im Internet über http://dnb.d-nb.de/ abrufbar.

Dieses Werk sowie alle darin enthaltenen einzelnen Beiträge und Abbildungen sind urheberrechtlich geschützt. Jede Verwertung, die nicht ausdrücklich vom Urheberrechtsschutz zugelassen ist, bedarf der vorherigen Zustimmung des Verlages. Das gilt insbesondere für Vervielfältigungen, Bearbeitungen, Übersetzungen, Mikroverfilmungen, Auswertungen durch Datenbanken und für die Einspeicherung und Verarbeitung in elektronische Systeme. Alle Rechte, auch die des auszugsweisen Nachdrucks, der fotomechanischen Wiedergabe (einschließlich Mikrokopie) sowie der Auswertung durch Datenbanken oder ähnliche Einrichtungen, vorbehalten.

Impressum:

Copyright © 2016 GRIN Verlag
Druck und Bindung: Books on Demand GmbH, Norderstedt Germany
ISBN: 9783668655881

Dieses Buch bei GRIN:

https://www.grin.com/document/414637

Anonym

Grundlagen der Gentechnik. Humaninsulin und die Flavr-Savr-Tomate

GRIN Verlag

GRIN - Your knowledge has value

Der GRIN Verlag publiziert seit 1998 wissenschaftliche Arbeiten von Studenten, Hochschullehrern und anderen Akademikern als eBook und gedrucktes Buch. Die Verlagswebsite www.grin.com ist die ideale Plattform zur Veröffentlichung von Hausarbeiten, Abschlussarbeiten, wissenschaftlichen Aufsätzen, Dissertationen und Fachbüchern.

Besuchen Sie uns im Internet:

http://www.grin.com/

http://www.facebook.com/grincom

http://www.twitter.com/grin_com

Gentechnik

Infomappe
Im Fach Biologie

Klasse 10

Gliederung

1. Definition „Gentechnik"

2. Gentechnische Verfahren

    2.1 Beispiel Humaninsulin

3. Das Humangenomprojekt

    3.1 Die Flavr-Savr-Tomate

4. Argumentation zum Thema „Grüne Gentechnik"

1. Gentechnik

Die Gentechnik bezeichnet ein Teilgebiet der Biotechnologie, bei dem mithilfe molekularbiologischer Methoden das Erbmaterial von Lebewesen gezielt verändert bzw. rekombiniert werden kann, was ermöglicht, über bestehende Artengrenzen hinaus zu gehen und somit Eigenschaften von Organismen weiterzuentwickeln oder umzuwandeln. [1][2]

2. Gentechnische Verfahren

Durch Gentechnische Verfahren können artübergreifende Kreuzungen vorgenommen werden. Da fast alle Lebewesen den gleichen genetischen Code besitzen, ist es so beispielsweise möglich, menschliche Gene auf Tiere zu übertragen.

Anders als bei der herkömmlichen Züchtung ermöglicht die Gentechnik, über die Artengrenzen hinaus zu gehen, also auch zwei nicht miteinander verwandte Arten zu kreuzen. So können also auch menschliche Gene auf Tiere übertragen werden, was der Tatsache zu verdanken ist, dass fast alle Lebewesen denselben genetischen Code besitzen. [2][3]

Hierzu werden in der Gentechnik verschiedene Methoden verwendet, einige davon werden im Folgenden erläutert.

Klonieren

Beim Klonieren, oder Vervielfältigen, wird Erbmaterial aus einem Organismus genommen, mit dem Ziel, es in einen anderen stabil einzubringen, wo es sich dann vermehren soll. Dazu müssen die beiden Organismen nicht zwangsweise von der selben Art oder Spezies sein.

Während des Vorgangs werden sogenannte „Vektoren" verwendet, die das zu klonierende Gen tragen. Als sogenannte „Wirtsbakterium" dieses Gens dient in den meisten Fällen das menschliche Darmbakterium Escherichia coli (E. coli), welches sich unter normalen Bedingungen bei 37° etwa alle 20 Minuten verdoppelt und in welchem sich das Gen später vermehrt. So entstehen viele Kopien des Gens, die bei späteren Teilungen des Wirtes auch an dessen Tochterzellen weitergegeben wird. Durch diese Zellteilungen entstehen Bakterienkolonien, die den selben genetischen Inhalt tragen, sogenannte „Klone". [4][5][6]

Schneiden und Kleben

Ein normaler DNA-Strang ist für eine genetische Bearbeitung im Normalfall zu lang. Um sie aus diesem Grund zu zerschneiden, werden Restriktionsenzyme verwendet, Proteine, die in der Lage sind, spezielle DNA Sequenzen (z.B. TACCG) zu erkennen und dort gezielt zu schneiden. Das Gegenstück dazu bilden die sogenannten DNA-Ligasen, Enzyme, die in der Lage sind, DNA-Stränge miteinander zu verknüpfen, indem die eine Verbindung zwischen dem Phosphatrest und dem Zucker Desoxyribose bilden. So kann die zuvor zerschnittene DNA neu zusammengesetzt, oder rekombiniert, werden, wenn die DNA-Fragmente in einen Vektor eingesetzt und in einer anderen Zelle mit neuen Genen verbunden werden. [7][8][9]

Transformieren

Das Transformieren bezeichnet die Übertragung von genetischer Information durch Aufnahme freier DNA. In der Gentechnik wird dies dazu genutzt, DNA in einen anderen Organismus einzuschleusen, um dort die genetische Information einzubauen. Viele Bakterien nehmen die freie DNA einfach durch ihre Zellwand auf, einige jedoch, wie beispielsweise E. coli, müssen vorher im Labor auf eine solche Transformation vorbereitet werden. [10][11][12]

2.1 Humaninsulin

Unter anderem kann Gentechnik auch in der Medizin genutzt werden. Die Zuckerkrankheit „Diabetes" wird durch einen Mangel am Enzym „Insulin" ausgelöst. Mittlerweile ist es möglich, dieses Enzym im Labor herzustellen, was ein weitaus leichterer Prozess ist als die bisherige Gewinnung aus der Bauchspeicheldrüse von Schweinen oder Rindern. Damit ein Bakterium im Labor Humaninsulin herstellt, muss das menschliche Insulingen eingeschleust werden. Hierbei wird ein Vektor mithilfe von Restriktionsenzymen aufgeschnitten und zusammen mit dem Gen in ein Reagenzglas gegeben, wo DNA-Ligase sie miteinander verbinden. Anschließend wird dieser Vektor in das Wirtsbakterium eingebaut, welches bei erfolgreicher Übertragung fortan Humaninsulin produziert und dieses auch an seine Tochterzellen weitergibt. [13][14]

3. Das Humangenomprojekt

1990 wurde das Humangenomprojekt (*engl. Human genome project*) gestartet, mit dem Ziel, die DNA des Menschen vollständig zu sequenzieren und zu verstehen. Über 1000 Wissenschaftler aus etwa 40 Ländern nahmen an dem Forschungsprojekt teil. Insgesamt sollte es rund 3 Milliarden US Dollar kosten und sich über einen Zeitraum von 15 Jahren erstrecken. Die Sequenzierung beanspruchte hierbei nur einen kleinen Teil, ein anderer Part des Projekts war beispielsweise die Erforschung von Krankheiten. Bereits 1992 veröffentlichte das Projekt Genkarten der Chromosomen 21 und Y, die allerdings noch Lücken aufwiesen. Erst 1995 schloss sich Deutschland dem Projekt an und gründete das Deutsche Humangenomprojekt (*DHGP*). Im Mai 1998 wurde die Firma Celera gegründet, deren Leiter Craig Venter, der 6 Jahre zuvor aufgrund von Uneinigkeiten das Projekt verließ, bekannt gab, er wolle die menschliche DNA schneller und billiger sequenzieren als das Humangenomprojekt. In den nächsten beiden Jahren gelang dem HGP die vollständige Sequenzierung des 22. (1999) und 21. (2000) Chromosom, was unter anderem die Erforschung der Trisomie 21 förderte. Bereits

2000 wurde auch eine erste Karte des kompletten menschlichen Genoms vorgelegt, die allerdings an vielen Stellen noch Lücken vorwies. Später entdeckten die Forscher auch, dass das menschliche Genom nur etwa 30.000 Gene enthält und nicht wie anfangs angenommen mehr als 100.000. Das Humangenomprojekt endete offiziell im Jahr 2003, das Deutsche HGP beendete seine Arbeit 2004, mit der vollständigen Sequenzierung von 2.88 von 3.2 Milliarden Basenpaaren. Hierbei gab es durchschnittlich einen Fehler pro 10.000 Basen. Obwohl nun bekannt war, welches Gen auf welchem Chromosom liegt, wurden immer noch nicht die Funktionen aller Chromosomen erschlossen. Diese werden seit 2003 in Folgeprojekten des HGP erforscht. [15][16][17][18][19]

3.1 Die „Flavr-Savr-Tomate"

Ein transgener Organismus bezeichnet ein genetisch verändertes Lebewesen (Pflanze, Tier oder Mikroorganismus), dem ein fremdes Gen eingebaut wird, welches später weitervererbt wird und dem Organismus eine Steigerung der für die Verwertung nützlicher Eigenschaften (wie z.B. Schädlingsresistenz) verleihen soll. Die Flavr-Savr-Tomate wird umgangssprachlich als Anti-Matsch-Tomate bezeichnet und ist eine gentechnisch veränderte Pflanze. Das Ziel des genetischen Eingriffes besteht hierbei, wie der Name verrät, daraus, das Weichwerden der Frucht zu verhindern oder zumindest weiter hinauszuzögern, als es bei einem natürlichen Hergang der Fall wäre. Um dies zu erreichen wird das Gen, das für das Enzym Polygalacturonase verantwortlich ist, in der DNA blockiert und in umgekehrter Richtung dafür eingebaut. Während des Reifungsprozesses wurden nun beide Gene angeschaltet. Die beiden einzelnen Stränge bildeten nun einen Doppelstrang, da sie aufgrund des gegensätzlichen Baus zueinander passten. So wurde die natürliche DNA abgefangen und die Bildung des Enzyms so gut wie vollständig verhindert. Da dieses Enzym während der Reifung Zellwände abbaut, kann die

Flavr-Savr-Tomate ohne es länger reifen und somit mehr Aromastoffe entwickeln. Die Anti-Matsch-Tomate bildet das Gen für Polygalacturonase kaum bis gar nicht mehr aus.

1994 wurde die Flavr-Savr-Tomate der weltweit erste gentechnische Organismus, der, in den USA, für den bürgerlichen Konsum auf den Markt gebracht wurde. Allerdings gab es damals kaum Käufer, was unter anderem auf die hohe Skepsis der Menschen gegenüber dem gentechnisch veränderten Produkt zurückzuführen ist. Bereits 1997 wurde sie wieder vom Markt genommen. [20][21][22][23]

4. Argumentation zum Thema „Grüne Gentechnik"

Die „Grüne" Gentechnik bezeichnet die Anwendung gentechnischer Verfahren in der Landwirtschaft und im Lebensmittelbereich. Aufgrund vieler unterschiedlicher Aspekte ist sie heutzutage eines der umstrittensten Themen in Deutschland.

Auf der einen Seite gibt es Experten, die bezeugen, dass die Gentechnik dabei helfen könne, gegen den Welthunger zu arbeiten. Hierbei verweisen sie auf die Möglichkeit, mithilfe gentechnischer Verfahren Pflanzen insofern umzuzüchten, dass sie ertragreicher werden. Allerdings wird bereits heute in Ländern wie Deutschland ein großer Teil des Essens weggeschmissen, weil er in Supermärkten nicht rechtzeitig gekauft, in Restaurants nicht gegessen oder einfach im eigenen Haushalt nicht genutzt wird. Deshalb sollte man, anstatt mehr Nahrungsmittel zu produzieren, eventuell mit einem gesunden Verstand gegenüber der Menge arbeiten. Wenn wir in reichen Ländern mehr Essen haben, bringt das hungernden auf anderen Kontinenten eher wenig. Nur, weil es mehr Essen gäbe, besteht immer noch das Problem, dass Menschen in hungernden Ländern nicht die finanziellen Möglichkeiten haben, es dann auch zu erwerben.

Ein ähnlicher Punkt ist der Klimawandel. Durch eine stetig wachsende

Erdbevölkerung wächst gleichzeitig auch das Problem, dass jeder Mensch ernährt werden muss. Umso mehr Nahrung gebraucht wird, umso mehr Platz braucht man auch um diese anzubauen. Allerdings würde eine stetige Rodung der Wälder, um diesen Platz zu schaffen, nur eine Steigerung des bereits bestehenden Klimawandelproblems. Stattdessen würden auch hier ertragreichere Pflanzen helfen, da man so auf dem gleichen oder sogar weniger Platz mehr Rohstoffe ernten könnte, um diese weiterzuverarbeiten. Zusätzlich könnte die Gentechnik Pflanzen entwickeln, die resistent gegen ein extremes Umfeld wie eine Dürre oder eine Überschwemmung sind. Bisher wurde so etwas allerdings noch nicht erreicht.

Außerdem könnte man mithilfe der Gentechnik den Einsatz von Pflanzenschutzmitteln stark verringern, da die Widerstandsfähigkeit gegen Schädlinge durch gentechnische Verfahren erhöht werden könnte. Dadurch, dass die Pflanzen nun auch gegen Unkrautvernichtungsmittel immun wären, könnten Farmer die Spritzmittel bequem in großen Mengen über den Acker verteilen und das Unkraut, bzw. die Insekten, kontrollieren. Auf Dauer würden sich die Schädlinge allerdings an die großen Mengen des Mittels gewöhnen und weniger darauf reagieren. Dann müssten stärkere Spritzmittel eingesetzt werden und die gentechnischen Pflanzen müssten wiederum resistenter gemacht werden. So würde immer mehr Gift auf unsere Felder gelangen.

Ein weiterer negativ Aspekt ist der Fakt, dass durch den Anbau von Gentechnik die bestehende Artenvielfalt zu großen Teilen zerstört wird. Gentechnische Pflanzen würden nur dann nicht schaden, wenn sie als Monokultur, also allein, angebaut werden. Dies würde allerdings eine Einschränkung des Lebensraumes für viele andere Organismen bedeuten. Der Grund dafür ist der Einsatz von Spritzmitteln, welche zwar gegen das Unkraut arbeiten, so aber gleichzeitig auch andere Organismen im Boden schädigen. Außerdem bilden die sogenannten Bt-Pflanzen, also insektenresistente Pflanzen, ein Gift, welches ihren Fressfeinden schaden soll. Dieses reichert sich allerdings ebenfalls im Boden und im Wasser an und schadet somit anderen Organismen. Außerdem soll es Insekten wie beispielsweise den Schmetterlingen schaden. Trotzdem fördern immer mehr Bauern eine Monokultur, anstatt zumindest Rücksicht auf die Artenvielfalt zu nehmen, die so langsam zerstört wird.

Ich persönlich bin gegen den Einsatz von Gentechnik in der Landwirtschaft. Sollte man irgendwann realistische Möglichkeiten finden, damit beispielsweise den Hunger zu beenden, sollte es in diesem Gebiet angewendet werden, allerdings nicht für den durchschnittlichen Verbrauch in Ländern wie Deutschland. Ich bin der Meinung, dass man hier für eine gesunde Ernährung keine Gentechnik braucht, da wir, ebenso wie früher, genug Möglichkeiten haben, um unsere Nahrung auf einem natürlichen Weg zu erlangen. Die Risiken die man mit gentechnischen Verfahren in der Landwirtschaft eingehen könnte, wie beispielsweise den Verlust von Artenvielfalten, sind zu groß, um sich wirklich für diese Art der Landwirtschaft zu entscheiden.

[[24] [25] [26] [27] [28] [29] [30] [31]]

Quellen

[1] http://www.egbeck.de/skripten/13/bs13-10.htm

[2] https://www.uni-bielefeld.de/Universitaet/Einrichtungen/Zentrale%20Institute/IWT/FWG/Paradys/Gentechnik.html

[3] https://de.wikipedia.org/wiki/Gentechnik

[4] http://universal_lexikon.deacademic.com/242476/Gentechnik%3A_Klonierung_von_Genen

[5] https://de.wikipedia.org/wiki/Klonierung

[6] http://www.spektrum.de/lexikon/biologie-kompakt/klonierung/6449

[7] https://de.wikipedia.org/wiki/DNA-Ligase

[8] http://flexikon.doccheck.com/de/Restriktionsenzym

[9] https://de.wikipedia.org/wiki/Restriktionsenzym

[10] https://de.wikipedia.org/wiki/Transformation_%28Genetik%29

[11] https://www.stmuv.bayern.de/umwelt/gentechnik/grundlagen/mecha_1.htm

[12] http://www.spektrum.de/lexikon/biologie-kompakt/transformation/11976

[13] http://www.gensuisse.ch/service/praes/d/Text_03_Gentechnische_Herstellung_von_Insulin.pdf

[14] http://u-helmich.de/bio/gen/reihe4/seite41.html

[15] https://de.wikipedia.org/wiki/Humangenomprojekt

[16] http://www.lpm.uni-sb.de/typo3/index.php?id=1196

[17] http://www.ngfn.de/index.php/verstehen_der_menschlichen_erbsubstanz.html

[18] http://www.zum.de/wettbewerbe/unterricht_innovativ/projekte/hebeler/humangenomeproject/

[19] https://de.wikipedia.org/wiki/Celera

[20] http://www.wissen.de/lexikon/transgene-organismen

[21] http://bildungsserver.hamburg.de/bio-und-gentechnologie-bei-lebensmitteln/2146222/ein-gentechnisch-veraendertes-lebensmittel/

[22] https://de.wikipedia.org/wiki/Flavr-Savr-Tomate

[23] http://www.spektrum.de/lexikon/ernaehrung/anti-matsch-tomate/571

[24] http://www.deutschlandfunk.de/mit-gentechnik-gegen-den-hunger-der-welt.697.de.html?dram:article_id=249551

[25] http://www.keine-gentechnik.de/dossiers/hunger-und-gentechnik/

[26] http://www.schule-und-gentechnik.de/fuer-schueler/wer-wie-was/pro-und-contra.html

[27] http://www.verbraucherbildung.de/verbraucherwissen/gruene-gentechnik-chance-oder-risiko

[28] http://www.keine-gentechnik.de/wissen/argumente/argumente-gegen-agro-gentechnik-gruene-gentechnik/

[29] http://www.keine-gentechnik.de/dossiers/gift-und-gentechnik/

[30] http://www.taz.de/!5038793/

[31] http://www.tagesspiegel.de/meinung/kontrapunkt-klimawandel-was-wirklich-hilft/3551638.html